Enikö Schröter

Bewässerungslandwirtschaft und Landschaftsdegradation im Mediterranraum

GRIN Verlag

Bibliografische Information der Deutschen Nationalbibliothek:

Die Deutsche Bibliothek verzeichnet diese Publikation in der Deutschen National-
bibliografie; detaillierte bibliografische Daten sind im Internet über http://dnb.d-
nb.de/ abrufbar.

Impressum:

Copyright © 2007 GRIN Verlag GmbH
Druck und Bindung: Books on Demand GmbH, Norderstedt Germany
ISBN: 978-3-640-21477-8

Dieses Buch bei GRIN:

http://www.grin.com/de/e-book/118260/bewaesserungslandwirtschaft-und-land-
schaftsdegradation-im-mediterranraum

Bewässerungslandwirtschaft und Landschaftsdegradation im Mediterranraum

Inhalt

1. Einleitung

Die Bewässerung von Acker- und Grünland wird weltweit seit Hunderten von Jahren praktiziert. Im ältesten Bewässerungsgebiet, dem Zweistromland zwischen Euphrat und Tigris, fand die Bewässerung von Kulturen bereits vor 7000 Jahren ihren Anfang (www.vl-irrigation.org). Sie ermöglichte überhaupt erst das Entstehen hoch entwickelter Kulturen am Nil (Ägypten), Indus (Pakistan und Indien), Ganges (Indien) und Hwang-Ho (China).

Auch im sommertrockenen Mittelmeerraum bildet die Bewässerung für die Landwirtschaft eine unentbehrliche Grundlage (ROTHER, 2000). Während im Altertum das Wasser noch mit Schöpfeimern und Wasserrädern auf die Felder gegossen wurde (www.klett.de), übertreffen die im Laufe des 20. Jahrhunderts eingeführten Bewässerungsverfahren die alten, kleinräumigen Bewässerungsgärten von damals um ein Vielfaches. In wachsendem Umfang sichern von Stauseen gespeiste Druckleitungen den Ferntransport des Oberflächenwassers, während Motorpumpen das Grundwasser fördern. So sind trotz der wachsenden Abkehr vieler Menschen von der Landwirtschaft hochrangige Produktionsräume entstanden, die den Produkten der mediterranen Regionen einen festen Platz auf dem Binnen- und Exportmarkt sichern (Rother, 2000). Allerdings sind die von dieser landwirtschaftlichen Nutzung auf die Umwelt ausgehenden Einflüsse vielfältig und tragen in erheblichem Ausmaß zu Veränderungen von Landschaften bis hin zur Landschaftsdegradation bei (TOBIAS, 2001). Somit kann eine geringere Abhängigkeit vom hygrischen Klimaregime gleichzeitig in andere Konfliktsituationen führen (ROTHER, 2000).

Die vorliegende Ausarbeitung soll aus diesem Grund die Probleme der Landnutzung durch Bewässerungswirtschaft aus ökologischer Sicht aufzeigen und in diesem Zusammenhang klären, ob im Rahmen eines möglichen Klimawandels die seit Jahrtausenden genutzten landwirtschaftlichen Flächen auch weiterhin genutzt werden können. Ein Überblick der klimatischen Situation des Untersuchungsraumes, die Darstellung einzelnen Bewässerungstechniken sowie die folgenden Ausführungen zu Arealkonflikten, Wasserknappheit und Landdegradation sollen dabei zunächst den „Ist" - Zustand der Bewässerungslandwirtschaft mit ihren hauptsächlichen Problemfeldern aufzeigen. Im sich anschließenden Teil wird dann auf mögliche Alternativen und Vorschläge zur Problembekämpfung eingegangen. Das Einbeziehen regionaler Beispiele soll dem Verständnis dienen und Unterschiede im Umgang mit der Irrigation verdeutlichen.

2. Klima, Boden, Relief – Gründe für die Bewässerung

Um die Notwendigkeit einer Bewässerung zu verstehen, ist es zunächst unerlässlich, sich über die natürlichen Gegebenheiten des Mittelmeerraumes klar zu werden. Der Mittelmeerraum ist fast ausschließlich vom nach ihm benannten Mittelmeerklima (auch Winterregenklima genannt) bestimmt. Dieses Klima mit regnerischen, milden Winter und trockenem, heißen Sommer entsteht durch die Wanderung von Hochdruckgürteln. Im Sommer breitet sich ein Hoch über den gesamten Mittelmeerraum aus und sorgt mit seiner absteigenden Luftbewegung für eine extreme, mehrere Monate anhaltende Trockenheit. Im Winter verlagert sich das Hoch in den Süden und lässt den Mittelmeerraum im Einflussbereich der Westwinde zurück. Es stellt sich eine Zugbahn winterlicher Zyklone ein, die über Nordeuropa von sibirischen und skandinavischen Hochs abgedrängt werden und über den betroffenen Raum ziehen. Die feuchte maritime Luftmasse fließt mit diesen Zyklonen in das Gebiet ein und erzeugt dabei reichliche Regenfälle (STRAHLER & STRAHLER, 2005).

Die Jahresschwankung der Temperaturen ist mäßig mit einem Maximum im Sommer, wo die mittleren Lufttemperaturen von 23 °C in den westlichen Gebieten bis 26 °C im Osten betragen. Niederschlagsbedingungen reichen je nach Lage des betroffenen Gebietes von arid bis humid (siehe Abb.3), sind in den Wintermonaten jedoch am stärksten ausgeprägt und nehmen von Westen nach Osten ab (STRAHLER & STRAHLER, 2005). Hierbei sollte nicht unerwähnt bleiben, dass es in manchen Mittelmeerstaaten aufgrund höherer Temperaturen und geringer Niederschläge ohne Bewässerung kaum kultivierbares Land geben würde, wohingegen andere Nationen Felder künstlich bewässern, um ihre Erträge zu steigern (www.hydrology.uni-kiel.de).

Zur besseren Anschaulichkeit werden die typischen Temperatur- und Niederschlagsverläufe in den Klimadiagrammen von Lissabon und Tel Aviv aufgezeigt:

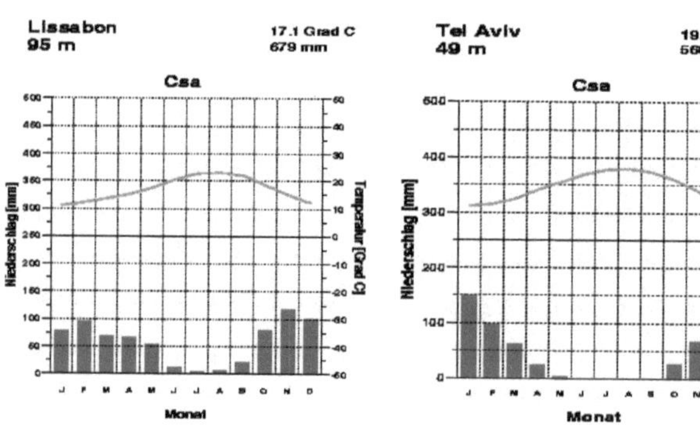

Abb.1 und 2; Quelle: www.klimadiagramme.de

Verbreitungsgebiete dieses Klimatyps sind, wie in Abb. 4 dargestellt, die Küstenzonen des Mittelmeeres, Mittel- und Südkalifornien, West- und Südaustralien, die chilenische Küste sowie die Region von Kapstadt in Südafrika (STRAHLER & STRAHLER, 2005). Diese Facharbeit wird hauptsächlich die Bewässerungsgebiete im Mittelmeerraum zum Schwerpunkt haben.

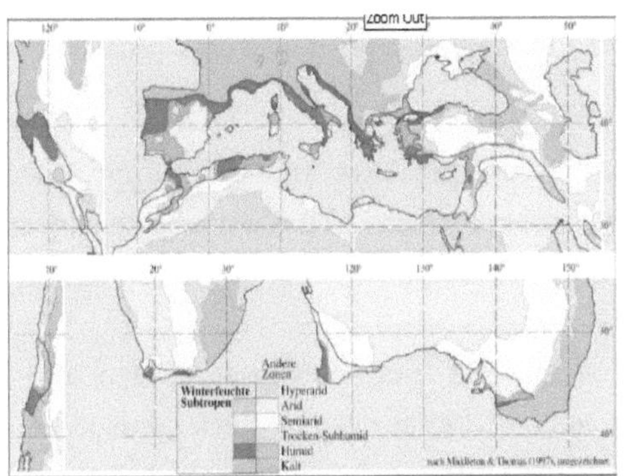

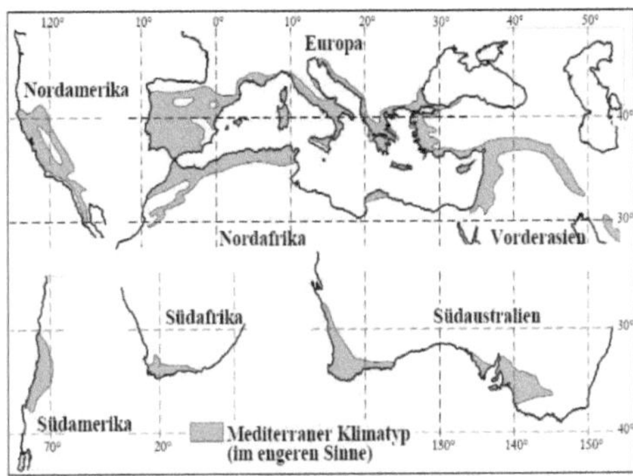

Abb.3 und 4; Quelle: https://www.uni-hohenheim.de/soils/ibs/SkripteSabine/medterraner_raum.pdf

In den betroffenen Regionen hat die Gegensätzlichkeit von Trocken- und Regenzeit u.a. den charakteristischen Boden, der als *Terra Rossa* bezeichnet wird, hervorgebracht. Im Allgemeinen weist er eine rote bis bräunliche Färbung auf, daher der Name. Die *Terra Rossa* stammt wahrscheinlich aus warmfeuchten Klimaverhältnissen der Tertiärzeit, vielleicht auch aus wärmeren Perioden der pleistozänen Wamzeiten (STRAHLER & STRAHLER, 2005).

Der Ah-Horizont ist nur gering ausgeprägt, weil der Humus im Winter aufgrund des fehlenden Frostes, der Bodentemperatur und der vorhandenen Feuchtigkeit abgebaut wird (www.uni-mannheim.de). Die Steuakkumulation ist deshalb sehr gering.

Der T-Horizont besteht aus carbonatfreiem Residuallehm, der als Rückstand der chemischen Verwitterung von Kalkstein oder Dolomit übrig geblieben ist. Er ist rot gefärbt wegen des roten Eisenoxid-Minerals Hämatit (STRAHLER & STRAHLER, 2005). Der Prozess der Hämatitbildung wird als Rubefizierung bezeichnet. Er findet

Abb.5: Quelle:
www.rymill.com.au/xstd_images/terrarossa_soilprofile.jpg

statt, wenn in der feuchten Jahreszeit die oberen Bodenhorizonte auslaugen und durch Decarbonatisierungsvorgänge Eisen oxidiert. In der trockenen Jahreszeit führt die stärkere Verdunstung zur Erhöhung der Kalkkonzentration in der Bodenlösung und einem Ausfällen und irreversiblen Auskristallisieren der Eisenoxide. Das heißtrockene Klima in den Sommermonaten begünstigt die Hämatitbildung und somit die Entstehung der *Terra Rossa* im Mittelmeerraum, wohingegen man in gemäßigten Breiten eher die gelbbraune, durch Goethitbildung entstandene Variante der Terra Fusca findet (www.uni-hohenheim.de).

Die *Terra Rossa* eignet sich gut für die Landwirtschaft: Zwar trocknet sie im Sommer an der Oberfläche aus, doch ist sie generell sehr fruchtbar und weist er eine sehr gute Speicherfähigkeit auf, die es ihr ermöglicht, Wasser auch über die Sommermonate halten (wissen.spiegel.de).

Im Mittelmeerraum sind trotz dessen insgesamt nur 40% der Böden für die Landwirtschaft geeignet, da das Relief entweder zu felsig oder zu stark geneigt ist. Die orographischen Verhältnisse sind sehr uneinheitlich und vielfältig und weisen ein *bewegtes Relief* auf (Hügel, Gebirge, Terrassen, fluviatile Becken). Lediglich ein geringer Anteil von 29% der Landfläche ist als eben bis flach wellig zu bezeichnen. 53% sind wellig bis bergig mit einer Hangneigung von über 8%. Mit einer Hangneigung von mehr als 30% sind 18% des Festlandes ist als gebirgig charakterisiert (wissen.spiegel.de).

Da der nutzbare Bodenanteil die Bevölkerung versorgen und den Exportmarkt sichern muss, wird er sehr intensiv bewirtschaftet und u.a. durch künstliche Bewässerungssysteme in seinen Erträgen gesteigert.

3. Bewässerungsverfahren und –techniken

Die Irrigation im Mediterranraum gründet hauptsächlich auf der Nutzung von Regen-, Grund – und Flusswasser. Es gibt Gegenden, in denen Wasser von Bächen und Flüssen abgezapft und den Bewässerungskanälen zugeführt wird. Weiterhin besteht die Möglichkeit, fließende Gewässer aufzustauen, um unabhängig von den jährlichen Schwankungen im Wasserstand das ganze Jahr über Bewässerungswasser zur Verfügung zu haben. Ganz anders ist die Anlage von Zisternen, in denen abseits von Fließgewässern Niederschlagswasser aufgenommen werden kann. (BORCHERDT, 1996). Grundwasser wird mit Hilfe von Brunnen gefördert. Hierbei unterscheidet man Ziehbrunnen, die teils durch Hand-, teils durch Tierantrieb betätigt werden. Eine zweite

Form der Wasserförderung stellen Göpelwerke dar, bei denen Eimerketten das Wasser hinaufbefördern. Beide Beförderungsarten findet man häufig im afrikanischen Teil des Mittelmeerraums. Neben den traditionellen Wasserrädern gibt es schließlich noch die vierte Form der Motorpumpen betriebenen Brunnen (BORCHERDT, 1996). Diese haben in Südeuropa längst die mit Tier- und Menschenkraft betriebenen Schöpfräder ersetzt. Als leicht einsetzbares Arbeitsgerät haben Motorpumpen sowohl beim Klein- als auch bei Mittel- und Großbetrieben die Ausbreitung der Bewässerungswirtschaft begünstigt und stellen die Wasserversorgung sicher (ROTHER, 2000).

Ebenfalls bekannt ist die Verwendung von behandeltem Abwasser oder behandeltem Meerwasser (www.klett.de). Submarine Karstquellen wie in Agolis, Griechenland findet man eher selten (ROTHER, 2000).

Die wichtigsten Bewässerungsverfahren sind Oberflächen-, Unterflur- und Tröpfchenbewässerung sowie Beregnung. Das geeignete Bewässerungsverfahren richtet sich nach den Gegebenheiten vor Ort. Entscheidende Einflussfaktoren sind hierbei Bodenbeschaffenheit, Hanglage, Wasserangebot, die Ansprüche des zu bewässernden Pflanzenbestandes, die technischen Mittel und die finanzielle Ausstattung (www.klett.de).

3.1 Oberflächenbewässerung

Bei der Oberflächenbewässerung werden z.B. Flüsse aufgestaut und ein komplexes System aus Staudämmen und Kanälen erstellt, welches für die notwendigen Wasserzuleitungen sorgt. Das relativ einfache Verfahren der Oberflächenbewässerung ist vor allem für in Reihe gepflanzte Kulturen geeignet, da ihnen das Wasser meist über Furchen zugeführt wird. Pflanzen wie Tomaten und Baumwolle lassen sich mit diesem Verfahren schnell und ohne hohen technischen Aufwand bewässern. Zur Oberflächenbewässerung gehört u.a. die in Ab-

Abb.6; Quelle: photogallery.nrcs.usda.gov/Index.asp

bildung 6 dargestellte Furchenbewässerung. Problematisch sind allerdings die hohen Verdunstungsraten in den offenen Wasserrinnen, die dadurch anfallenden

Wassermengen sowie die hohen Investitionskosten in Stauanlagen und Bewässerungskanäle (www.klett.de).

3.2 Beregnung

Abb.7; Quelle:
www.lfu.bayern.de/wasser/fachinformationen/trinkwasserschutzgebiete
/kooperation_mit_landwirten/pic/beregnung_gr.jpg

An die Stelle der oberflächlichen Irrigation tritt immer mehr die zwar kapitalintensive aber Arbeitskraft sparende Beregnung aus verschiedenen Sprengertypen. Diese können entweder feste, bewegliche oder teilortsfeste Anlagen sein. Ihr wichtigster Vorteil gegenüber der Oberflächenbewässerung besteht vor allem darin, dass auch hügeliges Gelände versorgt werden kann (ROTHER, 2000). Dieses Verfahren erfordert jedoch einen höheren Technikeinsatz für Pumpen, Rohre und Beregner, die entsprechende Kosten verursachen. Weitere Nachteile sind eine mögliche Beeinträchtigung durch den Wind und der hohe Energieverbrauch (www.klett.de).

3.3 Unterflurbewässerung

Eine andere Methode der Bewässerung ist die Unterflurbewässerung. Hierbei werden die Pflanzen durch den kapillaren Aufstieg des Grundwassers bewässert. Allerdings ist für dieses Verfahren eine Anreicherung von Wasser im Untergrund notwendig, die beispielsweise über das Anheben des Grundwasserspiegels oder mit Hilfe unterflur verlegter mit kleinen Öffnungen versehener Leitungen erfolgt. Das Wasser kann nun aus dem Untergrund kapillar in den Wurzelraum aufsteigen. So wird die Verdunstung auf ein Minimum reduziert und oberirdische Verteilersysteme, durch die es zu Verlusten von brauchbarem Land kommt, sind nicht nötig. Jedoch ist diese Art der Bewässerung ungeeignet für flach wurzelnde Kulturen und auch hier sind hohe Investitionen in das unterirdische Rohrnetz notwendig, denn die Rohre müssen tief genug liegen, um bei der Bearbeitung des Bodens nicht zerstört zu werden. Des Weiteren beschränkt sich die Technik der Unterflurbewässerung lediglich auf Areale mit ebenem Relief (www.klett.de).

3.4 *Tröpfchen- bzw. Mikrobewässerung*

Diese Art der Bewässerung wurde von
israelischen Landwirten kurz nach der
Staatsgründung 1948 entwickelt. Der
Agrarsektor hat in Israel traditionell einen
hohen Stellenwert, der auf den Anspruch der
Israelis zurückzuführen ist, unabhängig in der
Versorgung mit Nahrungsmitteln zu sein. Doch
bei der vorherrschenden Wasserknappheit
lassen sich die Bedürfnisse der stetig
wachsenden Bevölkerung und der Wirtschaft
nur schwer mit dem Ideal einer sich selbst
versorgenden Nation vereinen. Wie kann es

Abb.8; Quelle: satgeo.zum.de/satgeo/beispiele/fotosrme/I13m.jpg

also dazu kommen, dass die Landwirtschaft in den letzten Jahrzehnten derart
expandieren konnte und israelische Agrarprodukte aus europäischen Regalen nicht
mehr wegzudenken sind? Die Antwort ist einfach: Aufgrund der begrenzten Ressource
waren die Israelis *gezwungen*, wassersparende Bewässerungstechniken zu entwickeln.
Das Wasser wird hierbei ober- oder unterirdisch durch perforierte Plastikschläuche
geführt und tröpfchenweise exakt abgegeben, wie in Abbildung 8 gezeigt. Dank der
ausgeklügelten Tröpfchenmethode sind die Israelis heute Vorreiter in der
Urbarmachung des kargen Landes (siehe Abb.9) und bringen die Wüste zum Blühen
(vgl. Abb.10) (www.dw-world.de).

Abb.9; Quelle: www.dw-world.de

Abb.10; Quelle: eigenes Foto

Einst für aride Gebiete konzipiert, findet dieses Verfahren auch in gemäßigten Breiten
in Park- und Gartenanlagen Anwendung, denn sie weist geringe Verdunstungsverluste

und Betriebskosten auf und ist gut mit Schädlingsbekämpfung und Düngung kombinierbar. Allerdings stellt die Tröpfchenbewässerung hohe Anforderungen an die Sauberkeit des Wassers wegen der Verstopfungsgefahr und verlangt ein ausgeprägtes technisches Verständnis (www.klett.de).

Abb.11;
Quelle:satgeo.zum.de/satgeo/beispiele/interpretation/klibild3.htm

In *Kombination mit der Plastikfolie* als Treibhaus (siehe Abb.11) gewährleistet die Irrigation der Kulturen einen früheren Erntetermin und somit einen besseren Preis. Ausgehend von Israel hat sich die „Warmbeetkultur" seit den 70er Jahren über den ganzen Mittelmeerraum verbreitet und ist heute vor allem in der Türkei, in Südostspanien und in Süditalien beim Erdbeeranbau und der Blumenzucht zu finden (ROTHER, 2000).

Die folgende Tabelle stellt alle genannten Bewässerungstechniken noch einmal zusammenfassend gegenüber.

Verfahren	Oberflächen-bewässerung	Beregnung	Unterflur-bewässerung	Tröpfchen-bewässerung
Methode/Technik	Errichtung von Stauanlagen und Verteilersystemen, Bewässerung z.B. über Furchen	Verteilung über Pumpen., Rohre und Beregner	Anheben des Grundwassers oder unterirdische Leitungen, kapillarer Wasseraufsteig	Abgabe geringer Wassermengen über perforierten Schlauch
Vorteile	Ohne hohen technischen Aufwand möglich	Unabhängig von Oberflächen-beschaffenheit, Arbeitskraft sparend	Geringe Verdunstung, geringe Landverluste durch oberflächliche Verteilersysteme	wassersparend, geringe Verdunstungsverluste, geringe Betriebskosten, mit Düngung kombinierbar
Nachteile	Hohe Verdunstung, große Wassermengen nötig, hohe Investitionskosten in Anlagen	Beeinträchtigung durch Wind, umfangreiche technische Ausrüstung notwendig, hoher Energieverbrauch	Ungeeignet für flach wurzelnde Kulturen. hohe Investitionskosten in unterirdisches Rohrnetz	Hohe Sauberkeit des Wassers und technisches Verständnis notwendig

Tab.1; Quelle: eigene Darstellung

4. Flächenexpansion, Anbaukulturen und Arealkonflikte

Weltweit werden ca. 16% (250 Mio. ha) der Ackerfläche bewässert. Das mag auf den ersten Blick nicht viel erscheinen, aber auf diesen 16% der Fläche erfolgen 40% der Welt-Agrarproduktion und 80% des Welt-Wasserverbrauchs werden für diese Flächen verwendet (www.hydrology.uni-kiel.de).

Angaben über die Bewässerungsflächen der einzelnen Mittelmeerländer können durchaus unterschiedlich ausfallen, da die Erhebungsmethoden verschieden sind und es sich meist nur um Schätzungen handelt. So sind oftmals keine Daten für die privat erschlossenen Bewässerungsflächen verfügbar, da Bohrungen für Grundwasserbrunnen nicht meldepflichtig sind. Was staatlich kontrollierte Projekte anbetrifft, neigen die zuständigen Behörden in vielen Fällen zu ungenauen oder übertrieben Angaben und erschweren präzise Aussagen zusätzlich. Trotzdem lässt sich konstatieren, dass sich die Bewässerungsfläche in den letzten Jahrzehnten erheblich ausgedehnt hat: Zwischen 1961 und 1997 um etwa 70%. Dem absoluten Umfang nach stehen die Türkei, Italien und Spanien an vorderster Stelle, gefolgt von Griechenland, Marokko Portugal, Zypern, Tunesien, Algerien und Frankreich.

Jedes der Mittelmeerländer verfügt ein anderes Naturraumpotenzial und auch der Bebauungsgrad ist unterschiedlich. So können in Tunesien etwa 19% der Staatsfläche landwirtschaftlich genutzt werden, von denen 13% bewässert sind, während in Libyen lediglich 1% geeignet ist, davon 26% bewässert (www.bpb.de). Bemerkenswert ist die Tatsache, dass in Israel trotz ungünstiger natürlicher Bedingungen die Hälfte der landwirtschaftlichen Nutzfläche Bewässerungsland ist. (ROTHER, 2000). Generell ist das Verhältnis von landwirtschaftlicher Nutzfläche und bewässerter landwirtschaftlicher Nutzfläche in jedem Land verschieden ausgeprägt. Ägypten nimmt hierbei eine Sonderstellung, ein, da dort 100% der landwirtschaftlichen Nutzfläche bewässert werden (DRAIN, 2002).

Die Bewässerung dient hauptsächlich dem Ackerbau, großflächige Wässerwiesen zur Viehwirtschaft wie in der Lombardei sind eher selten. Im Mittelpunkt stehen die Erzeugnisse des Reb-, Obst- und Gemüseanbaus, welche als typische Produkte der mediterranen Bewässerungswirtschaft gelten. Beim Obstbau sind neben den zahlreichen Zitrusfruchtvarietäten Sorten wie Pfirsiche, Erdbeeren und Aprikosen und vereinzelt auch tropische Fruchtbäume und –stauden wie Mango, Avocado, Banane und Ananas weit verbreitet. In den meisten Mittelmeerländern bilden Obstsorten den Haupterwerb der Landwirtschaft, so z.B. in Spanien oder Israel (DRAIN, 2002).

Außer den gebietstypischen Baumkulturen, z.B. Öl- und Mandelbäume umfasst das mediterrane Bewässerungsland verschiedene Gemüsesorten, beispielsweise Mais, Fenchel und Blumenkohl (Süditalien), Reis (Italien)- und Zuckerrohrfelder (Marokko) und Anbauflächen für Sonnenblumen (Andalusien, Toskana) und einzelne Kulturgewächse, wie die Blumenzucht am Golf von Neapel (ROTHER, 2000). Selbst der Baumwollanbau hat sich hier durchgesetzt: In Griechenland erstreckt er sich heute über etwa 400 000 ha, das sind etwa 10 % der gesamten agrarischen Nutzfläche Griechenlands (siehe Abbildung 12), wobei 95% der Anbauflächen bewässert werden (web.uni-marburg.de).

Abb.12; Quelle: web.uni-marburg.de

Obwohl sich die mediterrane Landwirtschaft zu einem der Hauptversorger Europas entwickelt hat (DRAIN, 2002), ist vielen die Tatsache unbekannt, dass sich wie fast überall in einem „Kampf" um die Nutzfläche befindet. In den Tiefländern, vornehmlich an der Küste, wo die naturgegebenen Schwerpunkte der Bewässerung liegen, befinden sich ebenfalls die Zentren der Industrialisierung und des Massentourismus. Am Rand dieser sich verdichtenden Gebiete bleibt nur noch wenig Platz für agrarische Nutzflächen. Im Wettbewerb mit dem rapid ansteigendem Wasserbedarf von Privathaushalten, Industrie und Tourismus zieht die Landwirtschaft in den meisten Fällen den Kürzeren (ROTHER, 2000).

5. Wasser als knapper Rohstoff und strategische Ressource

Die Landwirtschaft hat sich zum größten Wasserverbraucher der Erde entwickelt. Schätzungen gehen davon aus, dass ca. 70% (www.klett.de) bis 80% (VOTH, 2003) des Süßwassers weltweit durch die Landwirtschaft verbraucht werden. Die übrigen 20-30% entfallen auf Industrie und private Haushalte. In den trockensten Regionen Asiens und Afrikas beansprucht der Agrarsektor sogar 85% des Frischwassers (www.klett.de). Besonders die Bewässerungslandwirtschaft ist für ihren hohen Wasserverbrauch bekannt: Beispielsweise sind in Spanien 4/5 des gesamten Wasserverbrauchs auf die Bewässerungslandwirtschaft zurückzuführen, obwohl lediglich 15% der landwirtschaftlichen Flächen bewässert werden (www.innovations-report.de). Selbst in einem Land wie Israel, wo die Aufbereitung von gebrauchtem Wasser exemplarisch und die Irrigation sparsam ist, werden 63% der Wasserreserven für die Landwirtschaft genutzt (DRAIN, 2002).

Anders ausgedrückt: Zur Gewinnung von 1 kg Weizen werden in trockenen Gebieten 1000 Liter Wasser benötigt (www.die-gdi.net). Oder. Die Bewässerung von 1000 Hektar Obstkulturen verbraucht hier laut DRAIN genau so viel Wasser wie eine Stadt mit 150 000 Einwohnern (vgl. DRAIN 2002, S. 63).

Länder wie Griechenland, Frankreich und Syrien verfügen nicht über derartige Wasserreserven und sind auf Einfuhren aus dem umliegenden Ausland angewiesen, was Tabelle 3 verdeutlicht.

États	Ressources locales	Apports externes	Total (en km³/an)
Espagne	114,0	0,4	114,4
France méditerranéenne	62,0	12,0	74,0
Italie	179,4	7,6	187,0
Albanie	44,5	5,5	50,0
Grèce	45,0	13,5	58,5
Turquie	196,0	7,0	203,0
Rivages nord	**640,9**	**46,0**	**686,9**
Chypre	0,9	0,0	0,9
Syrie	7,4	27,7	35,1
Liban	5,0	0,0	5,0
Jordanie	0,5	0,4	0,9
Israël	1,2	0,5	1,7
Cisjordanie + Gaza	0,7	0,0	0,7
Égypte	1,8	56,5	58,3
Libye	0,7	0,0	0,7
Proche Orient & Machrek	**18,2**	**85,1**	**103,3**
Maroc	30,0	0,0	30,0
Algérie	19,0	0,0	19,0
Tunisie	3,7	0,6	4,3
Maghreb	**52,7**	**0,6**	**53,3**
TOTAL GÉNÉRAL	**711,8**	**131,7**	**843,5**

Tab.3; Quelle: DRAIN, 2002

In der Vergangenheit kam es hierbei schon häufiger zu Konfliktsituationen, nicht nur innenpolitischer Art sondern auch mit den Anrainerstaaten. Meist entbrennt ein Streit darüber, wer wie viel Wasser für sich beanspruchen darf und woher er dieses bezieht. Solche Entwicklungen treffen Kleinbauen in besonders gravierendem Maße, da die Bewässerungswirtschaft häufig durch staatliche oder privatwirtschaftliche Monopole betrieben wird und sie zu wenig Einfluss auf die getroffenen Entscheidungen haben und daher meist benachteiligt werden (VOTH, 2003).

Zwischen Israel und Palästina verstärkte sich das ohnehin bereits angespannte Verhältnis, als die Israelis eine Grundwasserschicht unter palästinensischem Boden anzapften, um ihren eigenen Wasserbedarf zu tilgen (BETHEMONT, 2002).

Die Türkei befindet sich in einer Situation latenter Spannung mit Syrien und dem Irak, seitdem sie durch die Errichtung mächtiger Stauseen an Euphrat und Tigris (dem so genannten „GAP"-Projekt) zur Bewässerung von 17 Millionen Hektar Land einen Großteil der Wasserreserven für sich beanspruchen (BETHEMONT, 2002). Die Errichtung von 22 Staudämmen und 19 Wasserkraftwerken soll die Dürreregion Südostanatoliens in ein ertragreiches, landwirtschaftlich genutztes Gebiet verwandeln und ruft in Syrien und dem Irak die Angst hervor, bald den „Wasserhahn zugedreht" zu bekommen (vgl. www.ak-wasser.de). Ein großer Teil von GAP ist bereits fertiggestellt. Sobald es voll funktionsfähig ist, müssen sich die stromabwärts gelegenen Länder auf einen stark reduzierten Wasserfluss und eine verschlechterte Qualität des Euphrat einstellen. Syrien müsste nach Angaben amerikanischer Experten dann auf bis zu 40% seines Euphratwassers, der Irak sogar auf bis zu 90% verzichten. Doch ohne das Wasser des Euphrat kann Syrien nicht leben, denn Im Vergleich zur Türkei ist es ein extrem wasserarmes Land und die bewässerten Äcker längs des Flusses sind das Kernstück der syrischen Landwirtschaft. Da Syrien auch auf Export von u.a. Weizen und Mais setzt, sollen künftig die Anbauflächen auf das Doppelte ausgeweitet werden. Doch schon jetzt sind die syrischen Bewässerungsprojekte am Euphrat gefährdet. Wenn zuwenig Wasser aus der Türkei kommt - liegen die Pumpen trocken. Dies hat mehrfach kriegerische Auseinandersetzungen zwischen der Türkei und Syrien in greifbare Nähe gerückt. Auch wenn die Türkei eine Mindestmenge Wasser in die Nachbarländer zusichert, ist nicht auszuschließen, dass sie im Konfliktfall auf das Erpressungspotential des Staudamms zurückgreift (www.blauesgoldimgarteneden.de).

In Spanien hat der „Plan Hidraulica Nacional" heftige Proteste bis hin zu Massendemonstrationen hervorgerufen, da die durch ihn vorgesehene Errichtung neuer Stauseen und Bewässerungsflächen in vielen Regionen -hauptsächlich am

Flussunterlauf- einen spürbaren Rückgang der Abflussmengen zur Folge hat. In der Vergangenheit wurde Spanien des öfteren verdächtigt, die gemeinsamen Wasserressourcen der iberischen Halbinsel egoistisch für sich zu beanspruchen und dementsprechend zu nutzen. Um dem ein Ende zu setzen, wurde 1998 das "Abkommen über Zusammenarbeit zum Schutz und zur nachhaltigen Nutzung der Gewässer der hispano-portugiesischen hydrographischen Becken" unterzeichnet, auch kurz das Abkommen von Albufeira genannt. Dieser Vertrag verpflichtet Spanien, eine jährliche Mindestmenge an Wasser aus den gemeinsamen Flüssen nach Portugal fließen zu lassen (www.heise.de).

Wasser ist also eine strategische Größe und der Wasserverbrauch ist eine Angelegenheit, die weit über die Landesgrenzen hinaus reicht und nicht nur die Agrarpolitik betrifft. Viele Interessensgruppen sind beteiligt und kämpfen um dieselbe Ressource, wobei die Bewässerungslandwirtschaft in direkter Konkurrenz mit dem Versorgungsbedarf der Bevölkerung, der Industrie und den Ansprüchen des Tourismus steht (DRAIN, 2002). Dies geschieht vor dem Hintergrund der zunehmenden Wasserknappheit, welche sich verschärfend auf die genannten Nutzungskonflikte auswirkt. Schätzungen zufolge werden im Jahr 2050 44% der Weltbevölkerung keinen ausreichenden Zugang mehr zu Süßwasser haben (www.aktiongrundwasserschutz.de). Gründe hierfür sind vielfältig: Das Wachstum der Weltbevölkerung und deren steigender Lebensstandard, die voranschreitende Verschmutzung der Gewässer, die Zunahme der Bewässerungsflächen (als dessen Ursache VOTH u.a. die EU-Agrarpolitik nennt, vgl. VOTH 2003, S. 54) sowie der prognostizierte Klimawandel (idaa-net.de), welcher in der Klimazone des Mediterranraumes höhere Temperaturen und geringere Niederschläge zur Folge haben soll (BEGUERIA-PORTUGUÉS, 2006).
Hier stellt sich die Frage, ob der Sektor der Bewässerungslandwirtschaft ertragreich genug ist, diese Bedingungen zu kompensieren. Untersuchungen der Universität Cordoba haben angeblich gezeigt, dass auf bewässerten Flächen sechsmal höhere Erträge erwirtschaftet werden als auf nicht bewässerten (www.innovations-report.de). Selbst wenn diese Berechnungen glaubwürdig sind, können die Erträge auch noch bei aus der Wasserknappheit resultierenden Wasserpreisen gehalten werden?
Wenn es nach DRAIN geht, sind die Probleme der Bewässerungslandwirtschaft nicht nur in zukünftigen Entwicklungen zu suchen sondern bereits heute. Er stellt die Frage, ob es gerechtfertigt ist, Kulturen wie Reis und Baumwolle anzubauen, die zu den größten Wasserverbrauchern gehören, während deren Preise bzw. deren Wert auf dem Weltmarkt relativ gering sind (vgl. DRAIN 2002, S. 68). Ist es wirklich sinnvoll, einen

solchen Bewirtschaftungsstandard beizubehalten, wenn man bedenkt, dass 1,3 Mrd. Menschen keinen Zugang zu sauberem Trinkwasser haben und etwa doppelt so viele nicht einmal über die einfachste Sanitärversorgung verfügen (download.dlg.org)?
Der Schutz der Ressource Wasser hat sich schon längst zu einer viel diskutierten Debatte entwickelt und wird u.a. in der Europäischen Wasserrahmenrichtlinie gesetzlich geregelt. Diese hat zur Aufgabe, die aquatische Umwelt zu schützen und zu verbessern, eine nachhaltige Wasserbewirtschaftung sowie den umweltbewussten Umgang mit Wasserreserven durchzusetzen. Denn:

„Wasser ist keine übliche Handelsware, sondern ein ererbtes Gut, das geschützt, verteidigt und entsprechend behandelt werden muss" (Auszug aus der WRRL, 2000).

Wasser ist also Nahrungsmittel, schutzbedürftige Ressource, Produktionsfaktor, Wirtschafts- und soziales Gut. Im Kontext eines stetig steigenden Wasserbedarfs und drohender Wasserknappheit ist es eine logische Konsequenz, dass das Vorhandensein von Wasserreserven über die politische, soziale und wirtschaftliche Entwicklung eines Landes entscheiden wird:

„Celui qui contrôle l´eau contrôle la terre."
(Wer das Wasser kontrolliert, kontrolliert die Erde; vgl. Bethemont, 2002)

6. Landschaftsdegradation

Neben den Konflikten, die rund um den hohen Wasserverbrauch entstanden sind, existiert im Mittelmeerraum überdies ein weiteres gravierendes Problem, nämlich das der Landschaftsdegradation. Um die Problematik der Landschaftsdegradation verstehen zu können, ist es zunächst notwendig, diesen Begriff abzugrenzen und zu definieren.
Nach SEUFFERT beginnt Landschaftsdegradation, wo die *Natur* durch den *Menschen* auf Dauer verändert und selektiv an dessen Bedürfnisse angepasst wird. Durch Veränderungen der Vegetation, beispielsweise in Form von Rodungen, werden die *Nutzungspotentiale* des betroffenen Raumes auf Dauer *reduziert*. Dies erfüllt durchaus bereits den Tatbestand der Landschaftsdegradation, sofern man bei der Begriffsdefinition von einer ungestörten Naturlandschaft als Basis ausgeht (SEUFFERT, 2000).

STRAHLER & STRAHLER definieren Landdegradation als Veränderung des Erscheinungsbildes der Landoberfläche durch Zerstörung vorher existierender Gräser, Stäucher und Bäume (vgl. Strahler & Strahler 2005, S.612).

Für MEADOWS ist jede Form der Landwirtschaft als Landdegradation zu bezeichnen, da sie die Produktivität eines Bodens nachhaltig verschlechtert (MEADOWS, 2001).

Den drei Ausführungen gemeinsam ist die negative Veränderung eines Raumes durch den Menschen und seine Tätigkeit, wobei bei allen Definitionsversuchen der Mensch einziger Auslöser zu sein scheint, jedoch das ganze Ökosystem betroffen ist. Zwar gibt es ebenfalls natürliche Abbauprozesse, man denke nur an die physikalische Verwitterung, doch sollte man im Zuge der „Degradation", also der nachhaltigen Zerstörung eines Raumes, eher vom Menschen als Verursacher sprechen (MEADOWS, 2001).

Als Ursache für Landschaftsdegradation ist neben der intensiven Landwirtschaft (wissen.spiegel.de) und der unangepassten Landnutzung (MEADOWS, 2001) auch die hohe Sensibilität des betroffenen Raumes zu finden, bezogen auf das ausgeprägte Relief und die winterlichen Starkregenereignisse (SEUFFERT, 2000).

Die Problematik der Landschaftsdegradation existiert im Mittelmeerraum bereits seitdem vor ca. 10 000 Jahren im Vorderen Orient die Domestizierung von Wildkräutern als Übergang von der nomadischen zur sesshaften Lebensweise bestimmt wurde. Forscher haben behauptet, dass auch die in der Antike festgestellte meerwärtige Verlagerung der Küstenlinie der Adria sowie die Verschüttung von Bauwerken und Siedlungen nur auf vom Menschen induzierte massive Bodenerosionsprozesse zurückzuführen ist. Ähnlich verhält es sich mit den begrabenen Böden in Nordtunesien, die überwiegend in den Zeitraum zwischen 700 v.Chr. bis 200 n.Chr. fallen (SEUFFERT, 2000).

Die heutigen Prozesse der Landschaftsdegradation unterscheiden sich nicht von denen in der Vergangenheit. So sind jung angelegte Weinberge am Rande des sardischen Gebirges besonders stark der Erosion ausgesetzt, während abwärts davon gelegene Teile derselben Kulturen massiv überschüttet werden. Doch beschränkt sich Landdegradation nicht nur auf Bodenerosionsprozesse sondern besitzt eine Vielzahl von Erscheinungsformen und unterscheidet sich regional in ihren Ausmaßen (SEUFFERT, 2000).

Ausschlaggebend für die vorliegende Ausarbeitung ist, wo Landschaftsdegradation Folge der Bewässerungswirtschaft ist und wie sie sich in den betroffenen Gebieten darstellt.

6.1 Bodenerosion

Die intensive Landwirtschaft in den sommertrockenen Gebieten beschränkt sich seit langem nicht mehr nur auf Talböden, sondern geht bis in die mittleren Hangbereiche. Besonders auf steilen Böschungen sind flächenhafter Abtrag und Bodenerosion zu beobachten. In den Hanglagen haben sich Degradationsvorgänge u.a. durch die von der EU gestützte Ausbreitung der Olive intensiviert, weil dafür riesige Gebiete mit ursprünglicher Macchie gerodet werden, die dann der Bodenerosion und ihren Folgen massiv Vorschub leisten (SEUFFERT, 2000).

Aber auch in ebenen Lagen führt die Landwirtschaft im Mittelmeerraum zu einer Verschlechterung der Bodenverhältnisse: Da eine ausreichende Durchwurzelung nicht mehr gegeben ist, finden sich Wind- und Wassererosion eine Angriffsfläche. Starkregen im Winterhalbjahr waschen die Erdkrume, die von Wurzeln nicht mehr gehalten wird und schnell mit Flüssigkeit gesättigt ist, fort (wissen.spiegel.de).

Im Bereich der Bewässerungs-landwirtschaft kommt es zusätzlich zu einer verstärkten Erosion durch Wasser, welche sowohl flächenhaft, als auch in Linienform auftreten kann. Vor allen Oberflächenbewässerung und Beregnung lassen ausgeprägte Erosionsrinnen oder –gräben wie in Abbildung 13 entstehen. Neben den Erosionsschäden auf den Feldern selbst sind darüber hinaus auch die

Abb.13; Quelle: www.gesunde-erde.net

so genannten „Offsite-Schäden" von Bedeutung. Fernab vom Ort der eigentlichen Erosion kommt es zur Sedimentation des transportierten Bodenmaterials, wodurch nutzbare Ackerflächen aber auch Stauseen verschüttet werden (BACH ET AL., 2003).

6.2 Veränderungen des Grundwasserspiegels

Die häufigsten Auswirkungen auf den mengenmäßigen Zustand eines Grundwasserkörpers stellen lang anhaltende Grundwasserentnahmen dar. Zu nennen sind hierbei vor allem Entnahmen für die Trink- und Betriebswasserversorgung aber auch solche für Beregnung und Bewässerung. Dabei kann es zu verschiedenen Erscheinungen kommen:

Durch das Einbringen großer Wassermengen und damit einhergehende Versickerungsprozesse sowie die schlecht abfließenden Niederschläge in den Wintermonaten steigt der Grundwasserpegel stellenweise an. Als Folge sind *Vernässungsprozesse* zu beobachten und das Land wird sumpfig und unbrauchbar (ROTHER, 2000).

Sinkt der Grundwasserpegel aufgrund der hohen Wasserentnahme ab, steigt die Gefahr der *Desertifizierung*, denn die Vegetation wird nicht mehr ausreichend mit Wasser versorgt, stirbt schließlich ab, die sommerliche Dürre lässt den verbliebenen Boden schnell austrocknen und Bodenerosion setzt ein (wissen.spiegel.de). Bereits 1996 spricht Runge von stellenweisem Absinken des Grundwassers und einem drohenden Problem der Desertifizierung in Spanien (vgl. RUNGE, 1996). Und tatsächlich: Spanien ist heute ein besonders deutliches Beispiel dafür, wie infolge exzessiven Wasserverbrauchs und wachsender Bodenerosion durch Landwirtschaft und Tourismus ganze Landstriche irreparabel zerstört wurden. Fast 40 Prozent des Landes sind offiziell von Desertifikation betroffen (siehe Abbildung 14: Wüstenbildung in den Bardenas, NO Spanien). Die benötigten Wassermengen werden in Stauseen gespeichert und so anderen Regionen entzogen. Eine dort künstlich erzeugte Trockenheit hat zur Konsequenz, dass etliche Landwirte und Obstbauern die Landwirtschaft aufgeben. Ohne Bewirtschaftung erodiert das Agrarland noch schneller und oft bleibt nichts anderes zurück als Wüste. Nach Angaben von Leblic sind in Spanien 130.000 Quadratkilometer von starker Erosion betroffen, etwa 25 % der Gesamtfläche. Das sind 13 Millionen Hektar, von denen jeder Hektar jährlich über die Erosion 12 Tonnen fruchtbare Erde verliert (www.heise.de).

Abb.14; Quelle:
http://www.heise.de/tp/r4/
artikel/26/26957/1.html

Abbildung 15 stellt die Regionen der Erde in ihrer Anfälligkeit für Desertifizierung dar. Im Mittelmeerraum sind demnach neben Spanien auch Israel, die Türkei, Syrien, Algerien, Marokko und Libyen besonders stark von Desertifizierungsprozessen betroffen.

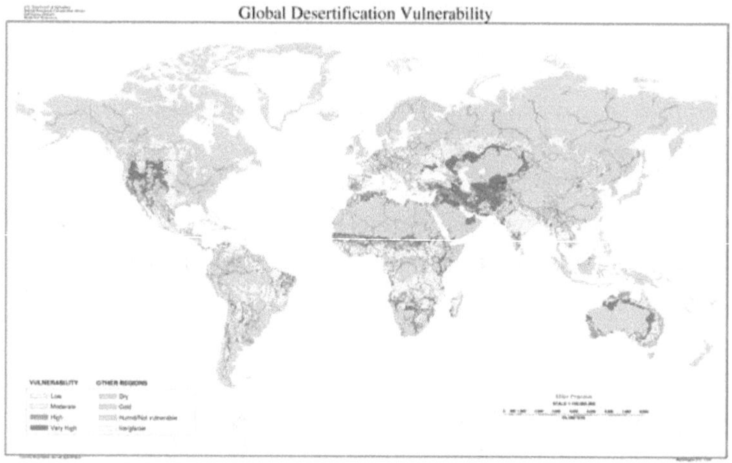

Abb.15; Quelle: soils.usda.gov

6.3 Versalzung – chemische Degradation

Unter *Versalzung* versteht man die Anreicherung von wasserlöslichen Salzen in Böden oder Bodenhorizonten. Die Akkumulation von Salz im Boden ist in Mediterranen Regionen ein Prozess, der in Meeresnähe oder durch Niederschläge ganz natürlich erscheint, jedoch durch die landwirtschaftliche Tätigkeit verstärkt wird (web.uni-marburg.de).

Abb.16; Quelle: stageo.zum.de

Der Versalzungsprozess an sich ist darauf zurückzuführen, dass das Wasser unter hohen Temperaturen verdunstet und Salze im Boden zurückbleiben. In Extremfällen wird es dann als weiße Kruste an der Bodenoberfläche ausgeschieden, so genannte „Salzausblühungen" oder „Salzbänke", dargestellt in Abbildung 16. Über Jahre hinweg können sich so große Mengen Salz im Wurzelbereich der meist auf hohen Salzgehalt sehr empfindlich reagierenden Nutzpflanzen ansammeln und die Erträge beeinträchtigen. „Keine Bewässerung ohne Entwässerung" lautet daher das Credo der Bewässerungsfachleute. Bei der Entwässerung sind aber nicht nur größere Wassermengen zur Salzauswaschung nötig, auch muss über Entwässerungsgräben und –kanäle ein Abtransport der Salzlösung in den Vorfluter möglich sein. Diese Maßnahmen sind aufwendig und teuer, weshalb sie oft nicht in ausreichender Intensität angewandt werden. Ein Dilemma bei der Bewässerung in arideren Mittelmeerregionen liegt also darin, dass mit zunehmender Trockenheit der Bewässerungsbedarf steigt, gleichzeitig aber auch die Versalzungsgefahr (www.menschenrechtwasser.de). Winterliche Niederschläge mildern zwar die Bodenversalzung, doch trockenen Jahre können zu einem völligen Verlust von Kulturland führen (wissen.spiegel.de).

Um einer Versalzung vorzubeugen, muss man zuerst einmal möglichst salzarmes Wasser zur Bewässerung nutzen. Diese Maßnahme klingt zwar denkbar einfach, doch kann sie gerade in ärmeren Ländern nicht immer gewährleistet werden. Weiterhin lässt sich der Versalzung entgehen, wenn man die Verdunstung verhindert, indem man z.B. Rohrleitungen unterirdisch verlegt oder Folien zur Abdeckung benutzt (satgeo.zum.de).

6.4 Schadstoffeinträge

Die Qualität der mediterranen Gewässer ist wesentlich geprägt durch Einträge von Nähr- und Schadstoffen, wobei die Landwirtschaft die bedeutendste Eintragsquelle darstellt (BATALLA, 1996, BACH ET AL., 2003). Folienreste und die Rückstände intensiver Düngung und Schädlingsbekämpfung belasten nicht nur den Boden und umliegende Gewässer, sondern auch das Grundwasser mit Phosphor, Stickstoff und deren Derivaten sowie mit Fäkalkeimen. Diese verlagern sich mit dem Wasserabfluss, an erodierten Bodenteilchen, mittels Versickerung oder über Sprühnebel während der Verteilung mit Spritzgeräten und führen zur Herabsetzung der Gewässerqualität bis hin zur Eutrophierung. Schon bei geringen Nährstoffkonzentrationen können sich einzelne Algenarten explosionsartig vermehren und beispielsweise die Trinkwassergewinnung aus Talsperren in erheblichem Maße beeinträchtigen (BACH ET AL., 2003).

Der Einsatz moderner Produktionsmethoden mit Hochleistungsorten, Dünge- und Schädlingsbekämpfungsmitteln hat also einerseits zur gewaltigen Steigerung der Erträge aber andererseits ebenfalls zu ernsten ökologischen Schäden geführt. Etwa die Hälfte des Mittelmeerraums hat unter starker bis sehr starker Landschaftsdegradation zu leiden. Obwohl die langfristigen Folgen nur schwer abschätzbar sind, wird durch diesen Prozess ein höherer Schaden erwartet als durch die Klimaerwärmung (wissen.spiegel.de).

7. Effekte der Landdegradation auf die landwirtschaftliche Produktivität

Was sind nun die Effekte der Landegradation auf die Produktivität der mediterranen Regionen? Diese Frage zu beantworten und konkrete Aussagen zu treffen scheint zunächst schwierig. Sicher ist allerdings, dass bei allen Degradationasprozessen wertvolles Kulturland verloren geht. Besonders Problematisch der Verlust von kultivierbarem Land, wenn man bedenkt, dass die Bewässerungslandwirtschaft Nahrungsmittel (z.B. Weizen) für die einheimische Bevölkerung erzeugen (wenn auch meist nur in geringem Umfang) aber auch Produkte für den Export (z.B. Wein und Obst) bereitstellen soll. Somit sind sowohl die Versorgung der ansässigen Bevölkerung als auch die Wirtschaft eines Landes betroffen (www.bpb.de).

Die Ausmaße von Landverlusten und Produktivitätseinbußen durch Landdegradation sind regional unterschiedlich, in Asien spricht man von Produktivitätsverlusten von ca. 20%. Betroffen ist neben China und Pakistan auch besonders Israel. Auf dem afrikanischen Kontinent spricht man von Ernteeinbußen von ca. 8%. Wenn sich die Erosionsprozesse beschleunigen, könnten es 2020 sogar 16% sein. In ariden und semi-ariden Regionen der Erde sind etwa 33% beackerbaren Landes von Verlsalzungserscheinungen betroffen, wobei wirtschaftliche Auswirkungen noch nicht hinreichend geklärt sind (soils.usda.gov).

Fest steht jedenfalls, dass Landwirtschaft und Umwelt miteinander verknüpft sind und voneinander abhängen. Die Absicht, Produktivität zu erhöhen sollte in direktem Zusammenhang mit Maßnahmen der Nachhaltigkeit stehen, denn das dauerhaft erfolgreiche Bearbeiten von Kulturland kann nur geschehen, wenn man bereit ist, Ressourcen zu schonen und die Landnutzung den natürlichen Bedingungen anzupassen. Landdegradation war bereits eine wichtige globale Angelegenheit im 20. Jahrhundert und wird wegen ihrem Einfluss auf die landwirtschaftliche Produktivität, die Umwelt, Nahrungsversorgung und Lebensqualität weiterhin auch einen hohen Stellenwert im 21. Jahrhundert haben (soils.usda.gov).

8. Lösungsansätze und Alternativen zur Bewässerung

Ausschlaggebende Konfliktfelder und Mängel der Bewässerungslandwirtschaft sind, wie bereits erwähnt, zum einen der Umgang mit der Ressource Wasser: Verschwendung, Übernutzung, Verschmutzung. Zum anderen aber auch die Folgeschäden auf das Ökosystem: Bodenerosion, Versalzung, Einfluss auf den Grundwasserpegel. Und als logische Konsequenz schließlich alle daraus resultierenden Schäden für den Menschen.

Die einzige Lösung im ständigen Konflikt läge also darin, Wasser zu sparen und neue Wasserquellen zu erschließen. Dafür gäbe es eine ganze Reihe möglicher Ansatzpunkte. Die Pflanzenproduktion generell, speziell jedoch insbesondere die Bewässerungslandwirtschaft weist eine sehr geringe Effizienz der Wassernutzung auf. Dies liegt insbesondere an den system- und managementbedingten Wasserverlusten. Doch vermag Bewässerungswirtschaft durchaus entscheidende Beiträge zu einer effizienten und sparsameren Wassernutzung zu leisten, sofern die entsprechenden Rahmenbedingungen gegeben sind bzw. geschaffen werden. Dies sieht man deutlich am Beispiel der Tröpfchenbewässerung in Israel. Modernere Bewässerungstechniken in der Landwirtschaft könnten überdies dazu beitragen, dass nicht so viel Wasser durch Verdunstung verloren geht. Eine Sanierung undichter Leitungssysteme würde ebenfalls große Mengen einsparen und der Wasserverschmutzung müsste dringend durch Aufklärung der Bevölkerung und Einsatz besserer Technik Einhalt geboten werden. Als eine neue Wasserquelle könnte die Meerwasserentsalzung dienen. Statt jedoch Erdöl oder Kernenergie dafür zu verwenden, böten sich gerade im sonnenreichen Nahen Osten Anlagen an, die mit Solarenergie betrieben werden können (www.uni-muenster.de).

Auch gibt es die Möglichkeit, mit recyceltem Abwässer zu bewässern. Dennoch haben bisher nur wenige Länder Wasserrecyclingsysteme gefördert, ein Positivbeispiel ist Tunesien: Bereits 1975 gründete die Regierung eine Abwasserbehörde und schaffte eine Anschlussrate an Kläranlagen von rd. 80 %. Ein Teil des gereinigten Abwassers wird systematisch zur Bewässerung verwendet. Selbst wenn auch hier noch Verbesserungen möglich sind, zeigt der Fall Tunesien doch, dass eine Umstrukturierung des bisherigen Wassermanagements möglich ist, wenn sie nur politisch gewollt wird (www.die-gdi.de).

Deshalb sollte die Politik den Bewässerungslandwirten die möglichen Wege aufzeigen, die unter den jeweils gegebenen Rahmenbedingungen nachhaltig beschritten werden können und Rahmenbedingungen schaffen, die der Landwirtschaft, insbesondere der

Bewässerungslandwirtschaft ein entsprechendes Handeln möglich machen. Allerdings sieht VOTH genau hierbei die Problematik: Viele Stauanlagen werden als „Prestigeobjekt" (vgl. VOTH 2003, S. 54) errichtet, obwohl die ökologischen und sozialen Bedingungen ungünstig erscheinen. Wie im Falle des „Alqueva"-Dammes in Portugal geschieht dies meistens noch mit finanzieller Unterstützung der EU (VOTH, 2003).

Als Alternative zur Bewässerungslandwirtschaft wäre der Anbau Trockenheits-resistenter bzw. weniger Trockenheits-anfälliger Kulturen denkbar. Doch orientiert sich die Wahl der Anbaukulturen sicher nicht an der *zukünftigen* Verfügbarkeit von Wasser, sondern an der *derzeitigen* Nachfrage der Produkte. Es ist fraglich, ob der Konsument darüber sinniert, welche (ökologischen, politischen und sozialen) Konsequenzen es haben könnte, dass er auch im Winter Erdbeeren im Obstregal finden möchte. Als weitere Alternative ist für wasserärmere Länder derzeit der Import *virtuellen Wassers* im Gespräch. Hierbei handelt es sich um Wasser, dass für die Produktion von Lebensmitteln und Konsumgütern verbraucht wird. Meist ist die für die Herstellung eines Produkt es benötigte Wassermenge unmaßstäblich höher als das Gewicht des Produktes selbst (in einer Tasse Kaffee stecken beispielsweise 140 Liter Wasser; Quelle: www.tagesschau.de). Deshalb erscheint der Import des Produktes selbst sowohl ökonomisch als auch ökologisch wesentlich sinnvoller als der direkte Import von Wasser (www.die-gdi.de). Zwar würde so die Versorgung der Bevölkerung des betroffenen Landes sichergestellt werden, doch das Problem Wasserknappheit bzw. Wasserverschwendung nicht gelöst sondern nur verlagert werden.

Aus diesem Grund führt für die bewässernden Nationen kein Weg an einem umfassenden Wassermanagement vorbei, um für mehr Effektivität der Irrigation zu sorgen. Nur durch das *überlegte und sparsame Einsetzen von Wasser* lassen sich Wasserverluste reduzieren aber auch vom Wasser bedingte Erosionsprozesse eindämmen. Andererseits können ebenfalls Kosten eingespart und Wasserkreisläufe nutzbar gemacht werden. Einen wichtigen Schwerpunkt bildet hierbei die Anwendung geographischer Informationssysteme, denn die Analyse von Fernerkundungsdaten bietet u.a. umfassende Daten über Gewässerökologie, Desertifizierung und Landdegradation und ermöglicht somit die Erarbeitung von Verbesserungsstrategien sowie eine bessere Kontrolle des Umweltzustandes (HILL, RÖDER; 2006).

8. Fazit

Bei Bau, Nutzung und Unterhaltung von Bewässerungsanlagen ist der Mensch immer wieder gefordert, die Wasserverwendung in der pflanzlichen Produktion optimal zu gestalten. Es zeichnet sich ab, dass es in Zukunft nicht mehr nur darum gehen wird, die Wasserversorgung der Kulturpflanzenbestände zu optimieren. Die landwirtschaftliche Praxis und Forschung werden sich ausserdem mit der Forderung auseinandersetzen müssen, den Wasserverbrauch in der Agrarproduktion zu Gunsten der Wassernutzung in anderen Nutzungssektoren einzuschränken. Insbesondere die Bewässerungswirtschaft wird sich in den nächsten Jahrzehnten einer Reihe von Herausforderungen gegenübersehen. Sie muss als wichtiges Standbein der Ernährungssicherung weltweit einerseits den größten Anteil der erforderlichen Steigerungen in der Nahrungsmittel- und Faserproduktion erbringen, um Ernährung und Kleidung der wachsenden Weltbevölkerung sicherzustellen und um ihren zwingend erforderlichen Beitrag zur Armutsbekämpfung und wirtschaftlichen Entwicklung zu leisten. Andererseits wird sie zunehmend mit der Forderung eines sparsameren Umganges mit der Ressource Wasser konfrontiert (www.vl-irrigation.org).

Als weiteres ökologisches Problem mit ansteigender Brisanz stellt sich die Thematik der Landschaftsdegradation dar. Die Prozesse der Bodenerosion und – versalzung sind zwar weitestgehend bekannt, doch werden ihren Folgewirkungen (Verlust von wertvollem Ackerland, Hunger, Dürre) bis heute noch zu wenig Aufmerksamkeit geschenkt. Politische Entscheidungsträger und andere Akteure der Bewässerungswirtschaft überblicken dieses Problem in seinen vollen Ausmaßen nur unzureichend und sehen den Boden nicht als schutzwürdiges Gut (www.tu-dresden.de).

Dabei ist es durchaus möglich, Wasser nachhaltig einzusetzen, Landdegradation zu verhindern und gleichzeitig effektiv zu wirtschaften, sofern man erkennt, dass Landwirtschaft und Landschaft in direkter Abhängigkeit stehen und Bewirtschaftungspläne beides einschließen sollten. Noch sind die Signale eines möglichen Klimawandels gering und Landverluste durch Erosionsvorgänge stellen keine Bedrohung für die *globale* Ernährungssituation dar, doch wird in Zukunft der Erfolg oder das Scheitern der Interaktion zwischen (Land)Wirtschaft und Ressourcen erhaltenden Maßnahmen über die Dauer dieses Zustandes entscheiden.

9. Literatur

Monografien

BORCHERDT, CHRISTOPH (1996): Agrargeographie. Stuttgart.

STRAHLER, ALAN H.; STRAHLER, ARTHUR N. (2005): Physische Geographie. 3. Auflage. Stuttgart

Zeitschriftenaufsätze

BACH, MARTIN; BREUER, LUTZ (2003) : Einfluss der Landnutzung auf die Wasser-qualität. **In**: Petermanns geographische Mitteilungen, 147 (2003) 6, S. 40-49

BATALLA, RAMON J.; SALA, MARIA (1996): Impact of land-use practices on the sediment yield of a patially disturbed Mediterranean catchment. **In**: Zeitschrift für Geomorphologie, 107 (1996), S. 79-93

BEGUERIA-PORTUGUES, SANTIAGO ; SERRANO-MUELA, PILAR (2006) : Global Change and Water Resources in de Mediterranean Mountains. Threats and Opportunities. **In**: Kulke, Elmar [Hrsg.]: Grenzwerte. Tagesbericht und wissenschaftliche Abhandlungen. Gesamtwerk, S. 641-650. Berlin

BETHEMONT, JAQUES (2002) : La Méditerranée, espace, enjeux et conflits. **In**: L´information géographique. 66 (mars 2002) 1, S. 18-33

DRAIN, MICHEL (2002): Eau et Agriculture dans l´espace méditerranéen. **In**: L´information géographique. 66 (mars 2002) 1, S. 53-69

HILL, JOACHIM; RÖDER, ACHIM (2006): Remote sensing of Mediterranean land degradation. **In**: Geographische Rundschau (international edition), 2 (2006) 3, S. 51-57

MEADOWS, MICHAEL E. (2001): The biotic Component of Land Degradation. Action and Rection. **In**: Petermanns geographische Mitteilungen, 145 (2001) 4, S. 18-24

MENSCHING, HORST G.; SEUFFERT, OTTMAR (2001): Landschaftsdegradation-Desertifikation. Erscheinungsformen, Entwicklung und Bekämpfung eines globalen Umweltsyndroms. **In**: Petermanns geographische Mitteilungen, 145 (2001) 4, S. 6-15

ROTHER, K. (2000): Stand und Probleme der Bewässerungswirtschaft im Mittelmeerraum. **In**: Petermanns geographische Mitteilungen, 144 (2000) 6, S. 52-63

RUNGE, JÜRGEN (1996): Land use mapping and changes in land use in the "EFEDA" pilot zones of central Spain. In: Zeitschrift für Geomorphologie, 107 (1996) 12, S. 35-44

SEUFFERT, OTMAR (2000): Von der Kultivierung zur Degradierung der Landschaft im

"""

Mittelmeerraum. **In**: Petermanns geographische Mitteilungen, 144 (2000) 6, S. 36-47

TOBIAS, KAI; JESSEL, BEATE (2001): Umweltauswirkungen durch die Landwirtschaft und Möglichkeiten der Verringerung. **In**: Petermanns geographische Mitteilungen, 145 (2001) 1, S. 6-13

VOTH, ANDREAS (2003): Konflikte und neue Konzepte des Wassermanagements auf der Iberischen Halbinsel. **In**: Petermanns Geographische Mitteilungen, 147 (2003) 6, S. 53-55

ohne Verfasser (2004): Mittelmeerraum. Problemfelder des jüngeren Strukturwandels. **In**: Petermanns geographische Mitteilungen, 148 (2004) 2, S.80-81

Internetquellen

download.dlg.org/pdf/feldberegnung/2007/riesbeck.pdf
idaa-net.de/rivertwin/uploads/
    tx_idaadownloadsandlinks/Vortrag_EINFUEHRUNG_IN_DAS_RIVERTWIN_PROJEKT_02.pdf
photogallery.nrcs.usda.gov/Index.asp
satgeo.zum.de/satgeo/beispiele/fotosrme/I13m.jpg
satgeo.zum.de/satgeo/beispiele/iberia/wfotos/htm
satgeo.zum.de/satgeo/beispiele/iberia/klidiag.htm
satgeo.zum.de/satgeo/beispiele/interpretation/klibild3.htm
soils.usda.gov/use/worldsoils/papers/land-degradation-overview.html
web.unimarburg.de/geographie//HPGeo.old/personal/Brueckner/EX_Griechenland_2003/landeskunde/stoc
    k/referat.htm
wissen.spiegel.de
ww.ak-wasser.de/ausstellungen/virtuellwasser/gap-lang1.pdf
www.aktiongrundwasserschutz.de/download/uni_gie_08.pdf
www.blauesgoldimgarteneden.de/ger/hintergrund/index.htm
www.bpb.de/themen/O1J886,2,0,Von_der_Kornkammer_zum_Industrieraum.html
www.die-gdi.de/die_homepage.nsf/0/2afbf571e27d95f3c1256e6e0059095e/$FILE/AuS-04-02.pdf
www.dw-worl.de/dw/article/0,2144,2055617,00.html
www.geolinde.musin.de/europa/module/bewasser1.jpg (Titelbild)
www.gesunde-erde.net/bodenschutz.htmwww.hydrology.uni-
kiel.de:9673/Hydrology/Members/Anne/Vortrag.pdf
www.hydrology.uni-kiel.de/lehre/seminar/ws02-03/grundinski_bewaesserungsboeden.htm
www.hydrology.uni-kiel.de/lehre/seminar/ws02-03/koeplin_versalzung.pdf
www.innovations-report.de/html/berichte/agrar_fostwissenschaften/bericht-38104.html
www.kapillar-ortmann.de/A01.html
www.klett.de/sixcms/list.php?page=geo_infothek&miniinfothek=&node=Bew%E4sserungslandwirtschaft&
    article=Infoblatt+Bew%E4sserungslandwirtschaft
www.klimadiagramme.de
www.lfu.bayern.de/wasser/fachinformationen/trinkwasserschutzgebiete/kooperation_mit_landwirten/pic/b
    eregnung_grjpg
www.menschenrechtwasser.de/downloads/2_1_1_alternativen-bewaesserungs-landwirtschaft.pdf
www.rymill.com.au/xstd_images/terrarossa_soilprofile.jpg
www.tagesschau.de/ausland/wasserpreis2.html
www.tu-dresden.de/fghgig/lehrstuhl/physgeo/download/fabil.pdf
www.uni-hohenheim.de/soils/ibs/SkripteSabine/medterraner_raum.pdf
www.uni-hohenheim.de/tebaldi/lehre/pics/skript_Rubefizierung_vererdung.pdf
www.uni-kassel.de/fb5/frieden/regionen/spanien/wueste.html
www.uni-muenster.de/PeaCon/wuf/wf-92/9220801m.htm
www.vl-irrigation.org/cms/fileadmin/
    content/zfb/1999_02/wolff_stein_water_saving_potential_irrigation_1999.pdf

Der Zugriff auf die genannten Internetseiten erfolgte im Zeitraum vom 20.02. bis 06.04.2008.